AF612066

DES MOYENS

D'AUGMENTER LA PRODUCTION

ET

DE PROLONGER LA CONSERVATION

DU CHEVAL DE GUERRE

EN VENTE A LA MÊME LIBRAIRIE

ENTRETIENS MILITAIRES

Création de manutentions roulantes pour les quartiers généraux et les divisions en campagne, par M. Anatole Baratier, sous-intendant militaire. Br. in-12. . . . . 1 fr.

Du service des états-majors, par M. Derrécagaix, capitaine d'état-major. Br. in-12. . . . . 75 c.

Des compagnies de partisans, formation d'une compagnie de partisans dans chaque régiment de ligne, par M. Girard, capitaine au 91e régiment de ligne. Br. in-12. . . 75 c.

Des soutiens d'artillerie, par M. Herbinger, capitaine adjudant-major au 101e de ligne. Br. in-12 . . . . 75 c.

Du matériel et de la tactique de l'artillerie de campagne, à propos des manœuvres d'automne de l'armée anglaise en 1872, par M. de Grandry, chef d'escadron d'artillerie. Br. in-12. . . . . 50 c.

Les nouvelles bouches a feu de la marine française, par M. Sebert, capitaine d'artillerie de marine. Br. in-12 avec planches. . . . . 1 fr. 50

De la tactique de combat et de l'emploi des tirailleurs, par M. Sacreste, lieut. au 90e de ligne. Br. in-12. . 75 c.

Des spécialités dans l'infanterie, par M. Issalène, capitaine au 67e de ligne. Br. in-12. . . . . 1 fr.

Étude sur la convention de Genève, considérée dans ses principes et son application, par le docteur Jules Arnould, médecin-major de 1re classe. Br. in-12. . . . . . 1 fr. 50

La Cochinchine française, par M. Bovet, lieutenant-colonel du génie. Br. in-12, avec carte. . . . . 1 fr. 25

De l'alcool considéré comme source de force, et du parti que l'on peut en tirer dans la pratique de la guerre, par le docteur Jules Arnould, médecin-major de 1re classe.— Br. in-12 . . . . 75 c.

Sur le rôle des places françaises de l'est pendant la dernière invasion, par M. Ed. Thiers, capitaine du génie. Br. in-12 avec carte. . . . . 1 fr. 50 c.

RÉUNION DES OFFICIERS

DES MOYENS

D'AUGMENTER LA PRODUCTION

ET

DE PROLONGER LA CONSERVATION

DU

CHEVAL DE GUERRE

ENTRETIEN FAIT A LA RÉUNION DES OFFICIERS

Le 3 février 1874

PAR M. E. DECROIX

VÉTÉRINAIRE MILITAIRE

PARIS

CH. TANERA, ÉDITEUR

LIBRAIRIE POUR L'ART MILITAIRE ET LES SCIENCES

Rue de Savoie, 6

1874

INTRODUCTION

Pénurie de chevaux de guerre

Avant la guerre de 1870-71, il était assez difficile de trouver en France la quantité de chevaux de bonne qualité nécessaire à l'armée ; des plaintes assez nombreuses se faisaient entendre sur la médiocrité des chevaux arrivant dans les régiments. Aujourd'hui que la nouvelle organisation de l'armée comporte un effectif beaucoup plus considérable, on se demande avec anxiété comment il sera possible de trouver de bons chevaux pour les états-majors, la cavalerie, l'artillerie, le train, etc., qui exigent chacun des conformations et des qualités particulières.

L'insuffisance de nos ressources étant incontestable, beaucoup d'hommes spéciaux, civils et militaires, ont émis leurs idées sur la manière de combler le déficit. Qu'il me soit permis de prendre aussi la parole et d'exposer quelques-uns des moyens que je crois propres à augmenter la production et à prolonger la conservation des chevaux de guerre. Nous diviserons nos considérations en deux parties : 1° celles qui ont trait à la production ; 2° celles qui ont trait à la conservation.

Population chevaline de l'Europe

Avec la réorganisation nouvelle des armées, nécessitée par les événements militaires qui, depuis quelques années, ont étonné le monde, toutes les puissances se préoccupent des moyens de pouvoir mettre en campagne le plus possible d'hommes et de chevaux. A cette occasion, la *Revista militare* a donné, il y a sept ou huit mois, sur la population chevaline de l'Europe, y compris les ânes et les mulets, les chiffres suivants, que nous reproduisons ici sans en garantir la parfaite exactitude :

Allemagne (?).	2.500.000	têtes.	
Autriche.	3.100.000	—	
Angleterre.	2.666.200	—	
Italie	1.100.000	—	
Turquie.	2.100.000	—	
Espagne.	650.000	—	
Belgique.	260.000	—	
Hollande.	300.000	—	
Suisse.	110.000	—	
Russie (?).	18.000.000	—	(1)

Pour la France, non compris l'Algérie, voici les chiffres officiels qui m'ont été fournis au ministère de l'agriculture, d'après le dénombrement de 1872, publié tout récemment :

Poulains et pouliches au-dessous de trois ans.	400.454	2.882.851
Chevaux entiers (étalons compris).	351.654	
Chevaux hongres.	872.911	
Juments.	1.257.832	
Mulets jeunes.	47.108	299.129
Adultes.	252.021	
Anons.	26.515	450.625
Anes.	224.721	
Anesses.	199.389	
Total général.		3.632.605

Soit 4,000,000 en comprenant l'Algérie.

(1) Dans ce chiffre figurent un grand nombre de chevaux de la taille de nos petits chevaux corses.

Effectifs des chevaux dans les armées européennes

Sur les populations chevalines que nous venons d'indiquer, la Russie emploie, d'après la *Revista*, 325,000 chevaux pour son armée; l'Allemagne en a employé 290,000 pendant la dernière guerre (actuellement elle en a environ 70,000, si nos renseignements sont exacts); l'Autriche peut porter sa cavalerie à 182,000 chevaux. La *Revue militaire étrangère* du 6 janvier 1874 porte que l'armée italienne aura, sur le pied de paix, 26,225 chevaux, et sur le pied de guerre, dépôts compris, 58,945. Pour mettre ses cadres au complet, l'armée française doit avoir, d'après la demande de crédit pour 1874, un peu plus de 99,000 chevaux, soit, en nombre rond, 100,000 chevaux en temps de paix et 250,000 en temps de guerre.

En comparant la population chevaline des différents États de l'Europe au nombre de chevaux nécessaires pour leurs armées, on constate que c'est moins la quantité qui fait défaut que la qualité, puisque ces armées n'absorbent pas la vingt-cinquième partie de la population.

Encouragements à la production chevaline

Au point de vue militaire, il faut s'appliquer tout d'abord à diriger les efforts des éleveurs vers la production du cheval de guerre par des encouragements consistant en primes pour les reproducteurs, en saillies gratuites, en expositions, en courses, etc.; mais la condition essentielle à remplir, c'est de payer les produits un prix suffisamment rémunérateur; il faut que l'élevage du cheval donne à peu près autant de bénéfices que l'élevage du bœuf, du mouton, etc. Depuis l'ouverture des boucheries de viande de cheval, la valeur commerciale des chevaux *hors de service* étant, en moyenne, au moins de 100 francs plus élevé qu'autrefois, le prix des chevaux de réforme a augmenté à peu près dans la même proportion. La remonte peut donc payer une centaine de francs plus cher, sans que le Trésor se ressente de cette augmentation.

Il faut aussi que l'éleveur ait un débouché assuré; qu'on ne dise pas, comme cela a eu lieu quelquefois : « Cette année, on n'achètera que fort peu de chevaux, » laissant ainsi dans l'embarras celui qui comptait vendre à la remonte pour se procurer l'argent dont il avait besoin. Cette remarque est surtout à prendre en considération pour les chevaux de cavalerie légère, qui ne sont guère employés, et c'est un *tort*, pour l'agriculture et l'industrie, à cause de leur faible corpulence. Jusqu'ici le renouvellement des chevaux par réforme porte tous les ans sur un septième environ; M. le marquis de Croix propose, dans une brochure publiée récemment et que nous aurons à citer plusieurs fois, le renouvellement par cinquième; M. Lèques, sous-intendant militaire, le voudrait par quart. J'incline pour cette dernière proportion, et j'en donnerai les raisons dans la deuxième partie de ce travail.

Mais ces moyens ne sont que secondaires. Les prix pourraient être beaucoup plus élevés et les débouchés tout à fait assurés, que la production du cheval de guerre n'augmenterait pas si la *matière première*, c'est-à-dire si les étalons et les juments appropriées au but à atteindre faisaient défaut. La première difficulté à surmonter, c'est donc de trouver d'abord des *étalons* et des *juments* susceptibles de produire de bons chevaux. Voyons comment on peut se procurer les uns et les autres.

PREMIÈRE PARTIE

PRODUCTION DU CHEVAL DE GUERRE

Insuffisance des reproducteurs

Au commencement de 1873 l'État possédait 1,064 étalons de *pur-sang* et de *demi-sang*, et l'industrie privée 639 de même origine, approuvés ou autorisés. M. le marquis de Croix, grand éleveur de la Normandie, très-versé dans les questions chevalines, fixe à 2,000 sujets le déficit en étalons propres à produire le cheval de guerre. Il considère les étalons de pur-sang et de demi-sang comme possédant seuls les qualités requises pour produire ce cheval. Il veut que ce soit l'État, c'est-à-dire l'administration des haras, qui fasse l'achat de ces étalons, l'industrie privée se refusant à augmenter le nombre qu'elle possède. Il estime qu'en achetant tous les ans 200 étalons à 4,000 francs l'un, on comblerait ce vide en dix ans... C'est bien long par le temps qui court; toutefois, par les moyens ordinaires, il serait bien difficile d'aller plus vite.

Je crois qu'il est possible d'obtenir plus promptement et à bien meilleur marché les bons étalons dont nous avons le plus pressant besoin. Je suis convaincu que l'État peut, pour *moins de 1,000 francs l'un*, avoir des étalons offrant de *meilleures* garanties que ceux de 4,000 francs achetés par la voie ordinaire. Je m'explique :

Il y a des données physiologiques qu'on néglige beaucoup trop en cette matière, bien qu'elles ne soient pas contestées. C'est que les produits se ressentent des qualités, des défauts, des aptitudes qu'avaient les producteurs à l'époque de la conception. Dans l'espèce humaine, par exemple, les enfants conçus par des parents syphilitiques ou en état d'ivresse alcoolique ou nicotique sont trop souvent ou rachitiques, ou idiots, ou porteurs de germes de maladies, et si cela n'a pas lieu plus souvent, c'est que, *seul*, l'un des deux sexes est dans cet état. Il faut donc choisir dans l'espèce chevaline des reproducteurs présentant autant que possible, à l'époque de l'accouplement, les aptitudes qu'on désire retrouver chez les descendants.

Étalons ordinaires

Or, dans quelles conditions se trouvent les étalons *ordinaires?* Dès qu'un éleveur a jugé qu'un poulain réunit certaines qualités de conformation, d'élégance et de force qui peuvent le faire accepter comme étalon, ce jeune animal est logé, nourri, soigné avec tous les égards dus à un futur reproducteur; on évite de l'exposer à la pluie, au froid, à la chaleur, à la fatigue; on lui couvre le corps de couvertures et les membres de flanelles; en un mot, on s'applique à en faire un brillant animal, chez lequel la forme prime l fond. Quand il est autorisé, et surtout approuvé, on l'entretient dans les mêmes conditions. Eh bien, je dis que cet étalon de *serre-chaude* coûtera plus cher, sera moins prolifique et donnera des produits moins aptes à faire un bon service que ceux qui sont habitués à supporter les fatigues, les privations, les intempéries, en un mot, que les chevaux faisant eux-mêmes le service que l'on veut obtenir des produits. Voulez-vous de bons chevaux de guerre? prenez de bons étalons de guerre. Mais où les trouver?

Étalons arabes de guerre

Ils sont tout trouvés, et l'armée les possède. Ce sont les chevaux entiers des régiments de cavalerie de l'Algérie et de plusieurs régiments de hussards et de chasseurs de France. Dans les 10,000 chevaux environ formant l'effectif de ces régiments, je suis convaincu que l'on peut trouver 2,000 étalons susceptibles de donner de *meilleurs* chevaux de cavalerie légère et de cavalerie de ligne que les étalons ordinaires; en voici les raisons : et d'abord, chez eux, la race n'a pas été mélangée, altérée comme la plupart de nos races françaises. En exerçant le choix parmi les sujets ayant au moins un an de service, on connaîtrait ceux qui ont été dociles au dressage, qui sont énergiques, qui n'ont point de maladies ou de tares héréditaires, qui ont le mieux résisté au changement de climat, de régime et de travail, enfin, qui font le meilleur service, tout en supportant les mêmes fatigues et étant soumis aux mêmes influences hygiéniques, bonnes ou mauvaises. Il y aurait lieu toutefois de s'assurer, par quelques épreuves, si le *fond*, l'*énergie*, répondent à la conformation. On choisirait de préférence ceux qui auraient déjà fait leurs preuves en expédition; on se tiendrait en garde contre les chevaux d'officiers, quelquefois trop bien soignés aux dépens des chevaux de troupe, d'autres fois trop fatigués, si l'officier aime beaucoup à faire de longues courses à cheval; on prendrait en très-grande considération la qualité des pieds, si souvent exposés aux seimes chez les chevaux arabes.

On pourrait peut-être craindre que ces étalons ne soient un peu trop petits. A cela, je réponds qu'ils sont assez grands et surtout assez forts pour porter nos cavaliers les plus pesants, ayant en surcharge plusieurs jours de vivres et tout l'attirail de campagne. En Crimée, ce sont ceux qui ont le mieux résisté; dans mon régiment — 3e chasseurs d'Afrique — il n'y a guère eu plus de pertes qu'en Algérie. Et à côté de nous, les beaux chevaux normands et les très-beaux chevaux anglais périssaient en grand nombre. Ajoutons que, dans la production, le père donne plutôt le caractère, l'énergie, le moral, si l'on veut, tandis que la mère et la nourriture exercent plutôt leur influence sur la taille et la corpulence. Il y a de graves inconvénients à donner un grand et fort étalon à une petite jument d'un pays sec et peu fertile, tandis qu'on peut en toute sécurité donner un petit étalon à de grandes juments des contrées fertiles. On peut obtenir ainsi de bons chevaux de cavalerie de ligne et d'artillerie de campagne. Il est bon de noter que les petits chevaux s'entretiennent mieux, sont moins exposés aux maladies, coûtent moins cher et font un meilleur service que les grands.

Pour obtenir des produits pour la grosse cavalerie, le génie, le train, il est aussi possible de trouver facilement des étalons sinon aussi brillants, aussi lustrés que les étalons ordinaires, mais offrant plus de garanties comme reproducteurs. En effet, nous avons vu précédemment, qu'il y a en France, plus de 350,000 chevaux entiers âgés de trois ans et au-dessus. Il y a donc un grand choix, puisqu'il ne s'agit que de combler un déficit de quelques centaines d'étalons. A Paris, nous avons sous les yeux des chevaux entiers qui pourraient faire de bons étalons, des *étalons garantis*, j'ose dire : ce sont les chevaux entiers de la Compagnie des omnibus. Je ne m'occupe pas ici, bien entendu, des chevaux de haut luxe et de course. Il faut laisser aux hommes vains les choses vaines et nous occuper exclusivement de ce qui est utile.

Étalons de guerre français

Dans le but d'avoir un grand choix de bons étalons français, pourquoi l'armée n'achèterait-elle pas, pour certains régiments ou escadrons, des chevaux entiers, comme elle le fait en Algérie? L'exemple donné par plusieurs grandes administrations, qui emploient journellement ces chevaux, même au milieu du mouvement des grandes villes, prouve que ma proposition pourrait très-bien être mise en pratique. On aurait ainsi, pour la production des forts chevaux, une réserve toujours prête d'étalons français ayant fait leurs preuves dans le rang, comme les chevaux arabes.

Ces chevaux non engraissés, non préparés par une hygiène artificielle, et parmi lesquels on choisirait ceux qui présenteraient le plus d'aptitudes militaires, offriraient plus de chances de donner de bons et nombreux produits que les étalons français tenus dans les conditions exceptionnelles que l'on connait.

Telles sont les deux sources que je signale pour obtenir de *très-bons étalons*, à *très-bon marché*. Cherchons maintenant de bonnes juments poulinières.

Juments de guerre

Les personnes qui se livrent à la recherche des moyens de relever notre industrie chevaline ne voient guère de salut que dans l'accroissement des étalons; il semblerait vraiment, au peu de cas qu'on en fait, que la jument ne mérite pas qu'on s'en occupe. Et cependant les bonnes juments poulinières sont plus rares, relativement, que les bons étalons. Un cheval entier peut produire une cinquantaine de poulains chaque année, tandis que la jument ne peut en produire qu'un seul.

Les Arabes de notre colonie ont une plus haute et plus juste idée du rôle que joue la jument dans la fabrication des poulains; ils la vendent beaucoup plus rarement et en demandent un prix plus élevé que du cheval entier (1).

En Algérie, l'armée condamne à la stérilité les meilleurs chevaux entiers; en France, ce sont les meilleures juments qui subissent le même sort. En effet, il ne faut pas oublier que la remonte n'achète que les meilleurs individus de l'espèce, ne laissant bien souvent aux éleveurs que les sujets trop inférieurs pour être admis dans les rangs. L'on peut dire sans exagération que les juments achetées pour la cavalerie sont, dans leur ensemble, les meilleures du pays, celles qui réunissent au plus haut degré les qualités du cheval de guerre. Dès qu'elles sont immatriculées, elles sont, par cela même, perdues pour la reproduction. Je sais bien que les juments données en dépôt aux cultivateurs, par l'administration de la guerre, sont quelquefois saillies; mais ce sont là des faits trop exceptionnels pour modifier nos considérations générales sur la matière.

En présence de notre pénurie chevaline, il est urgent de livrer à la production les vingt-cinq à trente mille belles juments qui présentent le plus d'aptitudes au service de l'armée et qui sont, par conséquent, dans les conditions à produire de bons chevaux de guerre.

Il y aurait sans doute bien des moyens à essayer pour les rendre productives; mais je ne signalerai que les deux dont la réalisation me paraît offrir le moins de difficultés et porter

(1) « La partie de l'arrondissement d'Abbeville située sur la rive gauche de la Somme forme une région très-laborieuse et très-productive, qui élève des chevaux que des agents anglais et des juifs viennent acheter pour le compte de l'*intendance prussienne*, en choisissant de préférence les pouliches, pour nous mettre hors d'état, dans un avenir prochain, de remonter notre artillerie avec des chevaux de trait léger. » (*Revue des Deux-Mondes*, numéro de juillet 1873, p. 44.)

le moins d'atteinte à la liberté industrielle et commerciale. Voici ces deux moyens : 1° n'acheter pour l'armée que des chevaux, à l'exclusion des juments; 2° faire saillir, dans les régiments, toutes les bonnes juments. Voyons les inconvénients et les avantages principaux inhérents à ces deux systèmes.

Juments exclues de l'armée

En supprimant l'achat des juments, on pourrait craindre de causer un grave préjudice à l'éleveur qui n'aurait obtenu que des pouliches, par exemple. Mais la difficulté de la vente n'aurait lieu qu'autant que l'armée diminuerait son effectif. Si celui-ci reste le même et si la remonte n'achète plus que des chevaux hongres, ces chevaux laisseront nécessairement dans l'industrie et l'agriculture un vide que les juments rejetées seront appelées à combler; l'éleveur trouvera plus facilement, de ce côté, à se défaire de ses juments médiocres, que la remonte lui refuserait, et il gardera plus souvent ses bonnes juments pour lui-même.

Les juments laissées ainsi dans le civil ne seraient pas nécessairement toutes saillies; mais il y en aurait toujours une partie qui le seraient soit intentionnellement, soit accidentellement.

Si l'on adoptait notre proposition, il ne faudrait l'appliquer que progressivement, afin d'éviter une perturbation nuisible à la production qu'on veut encourager; on pourrait, par exemple, payer de moins en moins cher jusqu'à ce que l'éleveur ait plus d'avantages à chercher un autre débouché.

En faveur de cette proposition, je dirai que des recherches auxquelles je me suis livré dans divers corps il ressort que les juments sont plus éprouvées proportionnellement par la mortalité que les chevaux hongres (1).

(1) Au point de vue de la mortalité, voir le tableau, p. 41, col: 8 et 9.

Production des chevaux par l'armée

Le second moyen sur lequel j'appelle l'attention, c'est de faire saillir, au moins en partie, les juments enrégimentées. Frappés du grave inconvénient de laisser improductives nos meilleures juments, déjà plusieurs auteurs ont proposé à l'armée de produire et d'élever elle-même les chevaux dont elle a besoin pour les différents services. M. Pinel propose à cet effet la création de vastes jumenteries (1). Mais on se trouve de suite en présence d'une question budgétaire très-grave; c'est le prix auquel reviendraient les chevaux arrivés à l'âge où l'on peut les faire entrer en campagne, c'est-à-dire à cinq ans. Si l'on tient compte des soins, de la nourriture, des accidents, des pertes, etc., on peut, sans exagération aucune, estimer à 2,000 francs le prix moyen des chevaux arrivant à l'âge adulte. Du reste, on sait que l'industrie privée produit mieux que l'État, et souvent de meilleure qualité et à meilleur marché.

Nous proposons, pour concilier la production et les intérêts du Trésor, de faire saillir toutes les *bonnes juments* qui appartiennent à l'armée; de ne laisser stériles que celles qui ont des défauts de caractère, de conformation, de tempérament, en un mot les juments *médiocres*, et de confier l'élevage à l'industrie privée. Voyons l'application de ce système :

Application de ce système

En fixant approximativement, d'après l'effectif de la nouvelle organisation militaire, le chiffre des juments à 40 ou

(1) *Bulletin de la Réunion des officiers*, 1er sem. 1873, p. 627.

45,000 (1), le nombre des juments impropres à la reproduction à 10,000, il resterait 30 à 35,000 juments à faire saillir. En estimant ensuite à *dix mille* les insuccès pour cause de stérilité et d'accidents divers jusqu'au moment du sevrage, et en tenant compte aussi de la livraison à la boucherie, comme *poulains de lait*, des sujets assez mal conditionnés pour ne pas mériter d'être élevés, il resterait environ 20 à 25,000 produits offrant de *meilleures garanties d'avenir*, quant au père et à la mère, que ceux obtenus par la voie ordinaire, et dont la proportion n'est généralement que de moitié environ des juments présentées aux étalons.

Pour saillir ces 30,000 juments il faudrait 600 à 700 étalons, dont la grande majorité serait prise dans les régiments montés en chevaux arabes, et les autres, pour les fortes juments de trait, parmi les chevaux des régiments ou escadrons dont nous avons parlé page 11, ou parmi les 350,000 chevaux entiers que possède la France, et notamment dans les *plus petits* chevaux de race percheronne.

Ainsi nous proposons que les chevaux de l'armée ne restent pas improductifs, mais que tous les bons producteurs *mâles* et *femelles* soient utilisés pour la fabrication du cheval de guerre.

Dans chaque régiment on dresserait un état des chevaux ou des juments propres ou impropres à la reproduction. A la fin de janvier les étalons choisis seraient dirigés où se trouveraient les juments, comme font actuellement les dépôts d'étalons. Il faudrait environ cinq ou six étalons par chaque régiment de cavalerie. Pendant la saison de la monte, soit février et mars, ou mars et avril, on éliminerait encore les sujets trop méchants ou qui n'exécuteraient pas bien la saillie.

(1) Pour la proportion des chevaux et des juments, voir le tableau, page 11, colonnes 2 et 3.

Travail et régime des reproducteurs

Après la monte, les étalons retourneraient à leur régiment pour être remis au régime et au travail ordinaires, excepté ceux qui seraient devenus trop méchants, qu'on pourrait envoyer dans un dépôt d'étalons ou réformer définitivement, dans la crainte qu'ils ne transmissent ce défaut à leurs produits, ou que l'on devrait châtrer. Les juments continueraient également à vivre dans le rang et à faire leur service pendant sept ou huit mois, c'est-à-dire jusqu'après l'époque de l'inspection. Pendant les deux autres mois de la gestation, les manœuvres fatigantes étant terminées, elles pourraient encore, sans inconvénient, faire le service ordinaire jusqu'au dernier mois, pendant lequel elles ne feraient plus que des promenades, comme, du reste, cela a lieu en cette saison pour la plupart des chevaux.

Arrivées au dernier jour de la gestation, les juments seraient placées dans de doubles stalles, séparées par des cloisons mobiles, de manière à les laisser en liberté avec leurs poulains; en cas d'insuffisance d'espace, on pourrait placer les poulinières et les poulains libres tous ensemble dans une écurie, excepté les mères trop méchantes pour les autres. Dans mon ancien régiment, j'ai vu, tous les ans, des juments mettre bas, et il suffisait ordinairement de relier trois ou quatre bat-flancs l'un à l'autre pour former un petit compartiment remplissant suffisamment les conditions nécessaires; mais ce sont là des questions de détail qu'il serait facile de régler.

Les étalons doivent être mieux nourris un peu avant, pendant, et un peu après la saillie; les juments doivent également recevoir un supplément de ration pendant les derniers mois de la gestation et jusque vers le moment du sevrage. Pendant l'allaitement, il est utile de donner du vert pour augmenter la sécrétion laiteuse et permettre au poulain de s'habituer de bonne heure à manger; il serait mieux encore d'avoir des prairies. Toutefois, si cela est utile, ce n'est nullement indispensable : je sais, par expérience, que l'on peut élever des poulains à l'écurie, sans changer la ration réglementaire de fourrages secs; cependant on peut toujours donner quelques barbottages à la mère et mouiller un peu le foin pour que le poulain le mange plus facilement. Ainsi, partout où l'on a des prairies à sa disposition, il faut en profiter; partout où l'on ne peut en avoir, où l'on ne peut même pas donner de vert à l'écurie, la production des poulains n'en doit pas moins avoir lieu.

Trois semaines ou un mois après la mise-bas, la jument peut être remise au travail, à la condition qu'elle ne soit pas fatiguée et qu'elle ne soit pas séparée trop longtemps de son poulain. J'ai vu bien des fois, en Algérie, des juments du goum mettre bas en expédition, puis continuer leur route, le poulain étant chargé sur un mulet ou un chameau. Est-ce que la femme de l'ouvrier des campagnes, quoique généralement mal logée, mal nourrie, mal vêtue, reste plus de quelques jours au repos, et cependant ses enfants ne sont-ils pas plus forts, plus rustiques que ceux de nos dames, qui n'osent faire une promenade d'un kilomètre à pied, dans la crainte de se fatiguer et de nuire à leur progéniture?

Nouvelles saillies

Quinze jours ou un mois après la mise-bas, on peut représenter à l'étalon les juments qui ont bien supporté une première gestation, et classer, pour une année ou définitivement, parmi les improductives, les juments trop épuisées ou dont le part a été trop laborieux, enfin celles qui ne seraient plus aptes à être saillies.

Un épurage pourrait être fait également parmi les étalons : ceux qui ne seraient pas assez ardents, qui n'auraient donné que des produits médiocres ou n'en auraient donné qu'un petit nombre, comparés aux autres, rentreraient définitivement dans le rang ou seraient exclus.

Élevage des poulains par l'industrie privée

Il y a en Europe plusieurs contrées où sont établis des haras de perfectionnement et des haras de production pour l'armée. En France, la propriété est trop divisée et le terrain a trop de valeur pour que l'État puisse jamais produire et élever ses chevaux de service. Nous croyons donc que les poulains doivent être vendus à l'époque du sevrage, c'est-à-dire vers trois ou quatre mois. Tous les ans, des poulains naissent, dans les régiments, de mères qui ont été saillies avant d'être vendues à la remonte ; ces produits du hasard sont vendus aux enchères, par la voie du domaine, à des prix variant de 100 à 200 francs. Il y a donc là une source de revenu que l'on peut évaluer approximativement à $20{,}000 \times 150 = 3{,}000{,}000$ de francs par an. Le prix des chevaux allant toujours croissant, le prix des poulains ne baisserait pas, à moins que celui des chevaux eux-mêmes ne baissât ; car tant que la valeur des chevaux croîtra, l'argent devenant plus commun, la valeur des poulains croîtra dans la même proportion.

En France, certains départements produisent les poulains, d'autres les élèvent. Il n'y a donc rien d'anomal dans l'idée de confier l'élevage des poulains de l'armée à l'industrie privée. En faisant connaître à l'avance le lieu et la date de la vente des poulains de tel ou tel régiment, les éleveurs qui se trouveraient dans les conditions à entretenir ces poulains iraient les acheter, comme cela ce pratique déjà depuis longtemps, notamment à Paris, où chaque année, au printemps, on vend un certain nombre de poulains nés dans la cavalerie, l'artillerie, etc. Ces poulains seraient très-recherchés, parce qu'ils seraient *meilleurs* que la plupart de ceux exposés sur les marchés et dont on ignore la généalogie.

Une jument qui rapporterait quatre poulains aurait remboursé 600 francs sur son prix d'achat, et à l'âge de dix ans environ elle vaudrait encore environ 800 francs, soit, en tout, un peu plus qu'elle n'aurait coûté à quatre ou cinq ans, et après avoir rendu bien des services. Mais, outre ce côté financier, très-sérieux, il ne faut pas oublier que dans l'armée, ce qui mérite aussi de fixer l'attention, c'est d'arriver à produire autant de chevaux qu'elle en consomme, au moins en temps de paix. (Nous parlerons plus loin des exigences du pied de guerre et des moyens de les satisfaire.)

Supposons l'effectif des chevaux de toutes armes porté à 100,000; un tiers de cet effectif, mâles et femelles livré à la reproduction, et un quart, soit 25,000 juments, menant leurs poulains à bonne fin; nous arrivons ainsi à produire à peu près autant de chevaux qu'en exigerait la remonte. Et qu'on remarque bien que cette augmentation aurait lieu presque sans frais et sans nuire au service; car le repos des producteurs aurait lieu au moment où les manœuvres ne sont pas encore commencées; les trois quarts restés improductifs suffiraient, et au delà, pour assurer le service à cette période de l'année. En cas de brusque déclaration de guerre à l'époque de la mise bas, les juments pourraient être employés à l'instruction des recrues et des classes rappelées, ainsi qu'aux différents services indispensables des garnisons; puis, au fur et à mesure que le sevrage s'effectuerait, elles entreraient en campagne, s'il en était besoin, formant ainsi une première réserve. Pendant la guerre, la reproduction serait interrompue sans inconvénient; ce qui serait produit à l'avance pourrait seul être utilisé.

Ici se présente une question. Serait-il bon que l'État se réservât un certain droit sur les poulains, ou bien devrait-il les vendre sans aucune restriction? Nous croyons qu'il faut laisser l'acquéreur aussi libre de disposer du poulain que s'il était né dans ses écuries; toutefois on lui délivrerait un certificat d'origine, certificat qui, au moment de la présentation à la remonte, vers quatre ou cinq ans, témoignerait en faveur de l'animal, dont le prix pourrait être un peu plus élevé que celui d'un autre de même apparence, mais sur le compte duquel on n'aurait aucun renseignement généalogique.

Il arriverait fréquemment que les chevaux produits par l'armée resteraient dans le civil, comme des chevaux produits dans le civil passeraient dans le militaire; mais il serait d'autant plus facile de contenter tout le monde que la population des chevaux d'arme serait plus augmentée. D'un autre côté, il ne faut pas oublier, qu'en cas de nécessité, la France tirerait parti de tout ce qui serait chez elle; n'avons-nous pas vu, pendant la dernière guerre, prendre les chevaux, selon les besoins, partout où il y en avait, non-seulement pour les faire travailler, mais même pour les manger. Il faut donc produire beaucoup si l'on veut trouver beaucoup à un moment donné.

Mais il faut du temps, quoi qu'on fasse, quelque système qu'on adopte, pour augmenter la population des chevaux de guerre; ainsi, pour cette année, il est déjà trop tard, avec nos lenteurs administratives, pour appliquer une mesure quelconque; en supposant qu'on entre résolûment dans la voie proposée l'année prochaine, il faudra *six* ans entre l'époque de la saillie et le moment où l'on aura un cheval propre à partir en campagne; et c'est justement parce qu'il faut beaucoup de temps qu'on ne doit pas perdre un instant pour entrer dans une voie de progrès. Les mesures que nous proposons peuvent sans doute offrir des inconvénients, mais elles permettent d'atteindre le but, c'est-à-dire produire beaucoup et à bon marché.

Si notre proposition était adoptée, elle ne devrait être d'abord appliquée que dans un certain nombre de régiments, afin de profiter pour les autres de l'expérience acquise dans les premiers essais.

Production du mulet

Nous ne croyons pas devoir nous étendre sur la production du mulet, parce que l'industrie privée suffit, croyons-nous, pour les achats annuels. Cependant, si l'on voulait en faire entrer une plus forte proportion dans l'effectif des animaux de trait ou de bât, et si les éleveurs n'en produisaient pas une assez grande quantité, on pourrait livrer à cette production les juments de l'armée que l'on ne trouverait pas assez bonnes pour faire le cheval de guerre, notamment dans les régiments en garnison dans l'ouest de la France, où prospère la race mulassière.

On aurait des étalons de l'espèce asine dans les dépôts d'étalons de l'État ou dans ceux des particuliers.

Sans entrer dans les détails, passons aux moyens de conservation du cheval de guerre.

DEUXIÈME PARTIE

CONSERVATION DES CHEVAUX

Importance de la question

Supposons qu'on veuille avoir un effectif constant de 100.000 chevaux en temps de paix; si leur moyenne de service est de quatre ans, par exemple, il faudra acheter chaque année 25,000 chevaux. Si l'on parvenait, au contraire, à élever cette moyenne à huit ans, il suffirait d'en acheter annuellement 12,500 pour entretenir le même effectif. Les considérations relatives à la conservation des chevaux, généralement beaucoup trop négligées, ne sont donc pas moins importantes que celles relatives à la production. Suivons donc le cheval depuis son enrôlement jusqu'à sa radiation des contrôles.

Achats par les régiments ou par la remonte

A une certaine époque, les régiments achetaient eux-mêmes leurs chevaux, comme le font encore aujourd'hui, en certains cas, la garde républicaine et la gendarmerie. Par ce système, les corps étaient intéressés moralement et pécuniairement d'abord à exercer un bon choix, puis à conserver le mieux possible les chevaux qu'ils avaient trouvés aptes à faire leur service. Aujourd'hui c'est la remonte, administration spéciale, qui effectue les achats nécessaires à l'armée. Une décision ministérielle du 6 février 1862 divise la France en trois grandes circonscriptions, subdivisées en une vingtaine de dépôts de remonte (1). Par le premier système, les corps ne pouvaient guère se plaindre, ou au moins ils ne pouvaient s'en prendre qu'à eux-mêmes s'ils n'avaient pas de bons chevaux; tandis que, par le système actuel, nous sommes peut-être un peu trop enclins à dire : « Comment la remonte a-t-elle pu acheter d'aussi mauvais chevaux? » Et, dans le cas de réforme prématurée, nous rejetons assez facilement la responsabilité sur la remonte, qui aurait dû prévoir, disons-nous, que ce cheval ne pourrait jamais faire de service. C'est bien ici le cas de dire que la critique est aisée...

Sans avoir personnellement d'idée bien arrêtée sur les avantages et les inconvénients des deux systèmes de recrutement ci-dessus, voilà au moins ce qui est très-positif : c'est que si la France, qui ne doit pas compter sur l'étranger, dont les portes peuvent être fermées au moment des plus pressants besoins, si la France, dis-je, produit beaucoup de bons chevaux, l'armée pourra facilement en obtenir de bons, et que si la production est insuffisante et souvent médiocre, comme cela a lieu actuellement, l'armée ne doit pas prétendre ne recevoir que de bons chevaux, quel que soit le système adopté. Je ferai cependant remarquer que parmi les médiocres il y a un choix à faire : que les tares et

(1) En Prusse, il y a quatre commissions de remonte qui parcourent chaque année les pays de production et qui achètent de sept à huit mille chevaux de trois à quatre ans, au prix moyen de 920 francs. Ces chevaux sont placés dans des dépôts de remonte, d'où ils sont dirigés sur les régiments à quatre ans et demi, excepté ceux d'artillerie et de grosse cavalerie de la garde, qui restent à la remonte jusqu'à cinq ans et demi. (*Galignani's Messenger*, 14 septembre 1873.)

les vices de conformation ne sont pas tous également nuisibles au service. Aussi croyons-nous que l'administration ne devrait admettre comme acheteurs que des officiers ayant passé avec succès un examen sur les qualités et les défauts des chevaux. Disons encore que le vétérinaire, qui connait la gravité relative des tares, étant appelé chaque jour à les traiter, devrait être obligé d'émettre son avis sur les défectuosités des chevaux, avis qui, sous sa responsabilité, serait consigné sur le procès-verbal d'achat, à l'exemple de ce que fait le médecin dans les conseils de révision. Actuellement l'officier n'est appelé à donner aucune preuve de capacité et le vétérinaire reste, le plus souvent, complétement étranger aux achats!...

Mortalité plus grande chez les jeunes chevaux

A quel âge doit-on acheter les chevaux? Je crois qu'on peut suivre les anciens errements; toutefois comme il y a des personnes, M. Lèques notamment, qui voudraient que la remonte achetât dès l'âge de trois ans, il est utile de signaler quelques inconvénients inhérents aux achats hâtifs.

Les chevaux de quatre ans sont, de beaucoup, les plus éprouvés par les maladies d'acclimatement; chez eux les pertes sont plus considérables : ainsi, pendant la période décennale 1856-1865 les pertes, sur 1,000, ont été de 47 chez les chevaux de quatre ans, et de 42 seulement chez ceux de cinq ans (1). Ces chiffres ne concernant que les chevaux français, j'ai voulu savoir si, en Algérie, les choses se passaient de même, et je me suis reporté à des documents statistiques que j'ai établis à la fin de 1856, lorsque j'appartenais aux chasseurs d'Afrique. Eh bien! la différence dans la mortalité était

(1) Voir le tableau, page 41, colonnes 6 et 7.

à peu près dans les mêmes proportions que chez les chevaux français ; j'ai remarqué en outre que ces chevaux algériens achetés de quatre à cinq ans coûtaient plus cher, en moyenne, que ceux achetés de cinq à huit ans. Pour savoir si en France les prix étaient également plus élevés pour les chevaux de quatre ans, j'ai aussi fait quelques recherches ; mais j'ai trouvé de tels écarts dans les prix, d'un régiment à un autre, ou même d'un escadron à un autre du même régiment, que je n'ai pu encore me faire une opinion positive. Il en est de même pour le prix des juments, comparé à celui des chevaux.

Les chevaux de quatre à cinq ans doivent être et sont l'objet de beaucoup de ménagements et de soins spéciaux, à la remonte et dans les corps, pendant la sage progression des classes et des manœuvres. Pour diminuer les fatigues, M. Pinel conseille de réduire le dressage à quatre mouvements : en avant, en arrière, à droite, à gauche (1).

Les chevaux ne doivent pas entrer en campagne avant l'âge de cinq ans, sous peine d'être très-éprouvés par les maladies et ruinés prématurément. Si on les achetait de trois à quatre ans, il faudrait ajouter au prix d'achat le prix de la nourriture, qui, à raison de 1 fr. 50 par jour (1 fr. 40 pour 1874), ferait en un an plus de 500 francs, auxquels il faudrait encore joindre les frais d'entretien, de traitement des maladies, et surtout les pertes, plus considérables encore que chez les chevaux achetés de quatre à cinq ans ; et je suis convaincu que ces chevaux feraient encore un moins bon service. L'industrie privée peut produire à meilleur marché, parce que l'élevage du cheval se trouve agencé, s'il m'est permis d'employer cette expression, dans d'autres affaires personnelles et mobilières de productions animales et végétales qui s'enchaînent et s'entr'aident de manière à supporter ensemble une

(1) *Bulletin de la Réunion des officiers*, 1er semestre 1873, p. 627.

foule de frais et faux-frais ruineux pour une seule production. Ce sont ces motifs qui me font considérer comme impraticable l'élevage du cheval de guerre par l'État.

En définitive, je crois qu'il faut continuer à acheter comme par le passé ou, au moins, qu'il ne faut rien modifier légèrement avant d'avoir fait une étude approfondie et sérieuse de la question.

Rôle conservateur des vétérinaires

Quels que soient les soins dont les chevaux sont entourés et les précautions que l'on puisse prendre pour les conserver en bonne santé, il y a toujours plus ou moins de maladies ou d'accidents, et il arrive fatalement une époque où l'animal meurt ou doit être réformé.

C'est aux vétérinaires qu'incombe la mission de surveiller l'hygiène, la ferrure, si essentielle à la conservation des chevaux; de passer les revues sanitaires, de traiter les maladies, de combattre les tares, d'empêcher la propagation des maladies contagieuses; en un mot, de maintenir les chevaux dans les meilleures conditions possibles. Le corps des vétérinaires est-il à la hauteur des fonctions importantes qui lui sont confiées?

Autrefois il suffisait d'avoir obtenu un diplôme de vétérinaire pour prétendre à un emploi dans l'armée. Aujourd'hui les vétérinaires diplômés dans l'une des écoles sont soumis à un nouvel examen devant une commission nommée par M. le ministre de la guerre; les candidats qui passent cet examen avec succès sont envoyés à l'école de cavalerie de Saumur, où ils suivent, pendant un an, des cours destinés à les perfectionner dans les parties de la médecine vétérinaire spécialement afférentes à l'armée. Après cette année, ils subissent encore une nouvelle épreuve, et c'est alors seulement qu'ils sont définitivement nommés vétérinaires militaires. On peut donc déclarer que le corps offre toutes les garanties professionnelles désirables, et qu'en aucune autre contrée de l'Europe on ne s'entoure d'autant de précautions pour éliminer les médiocrités et admettre les capacités.

Mais l'organisation du corps laisse un peu à désirer : il manque une direction, une surveillance, un contrôle scientifique. En entrant dans l'armée, de jeunes vétérinaires sont souvent envoyés en détachement, où ils sont complétement livrés à eux-mêmes, sans conseil et sans guide. Le chef de corps ou de détachement constate bien si le vétérinaire a une bonne tenue, s'il se conduit bien, s'il est exact à se rendre au quartier aux heures prescrites. Mais quant à savoir s'il connaît bien les maladies, s'il prescrit les médicaments nécessaires à la dose et à la période voulues, s'il se livre à des expériences thérapeutiques trop hasardées, s'il fait abattre témérairement ou s'il conserve d'une manière compromettante des chevaux atteints de maladies contagieuses, etc., le vétérinaire échappe à tout contrôle.

Le décret du 14 janvier 1860 dit bien, article 11, que les vétérinaires principaux « peuvent être chargés annuellement de missions ayant pour but de propager les bonnes méthodes d'hygiène et de traitement, et d'éclairer l'administration de la guerre sur des points généraux de médecine vétérinaire, ainsi que sur le mérite scientifique des vétérinaires; » mais cet article est resté jusqu'à présent lettre morte. L'article 14 porte qu'en « cas de guerre ou de nouvelle création de corps, il pourra être nommé le nombre de vétérinaires que les circonstances rendront nécessaires ». Malheureusement on n'a créé aucun vétérinaire principal pendant la dernière campagne pour les différents corps d'armée; aussi, le service a été à l'abandon : vétérinaires anciens ou nouveaux, auxiliaires ou titulaires, étaient livrés à leurs propres inspirations médicales!... La répartition du service était loin de répondre aux exigences; tel corps ou fraction n'avait pas de vétérinaire, tandis que tel vétérinaire n'avait presque rien à faire. On a vu aussi des vétérinaires en premier sous les ordres d'auxiliaires. Peut-on se faire une idée de ce que deviendrait l'armée si, dans les différents services, on supprimait toute direction, tout contrôle!... Du reste ce n'est pas en temps de guerre que l'on peut organiser efficacement, c'est en temps de paix; c'est maintenant.

Ce qu'un tel état de choses à coûté à l'État, et par conséquent aux contribuables, il serait impossible de le savoir; rappelons seulement qu'à un moment donné, la visite d'un vétérinaire compétent a permis de constater la présence d'une *cinquantaine* de chevaux morveux dans une division d'artillerie. De mon côté, dans des fractions de corps où il n'y avait pas de vétérinaire, j'ai vu des chevaux morveux mourir dans le rang. Ajouterai-je qu'il ne s'est rien passé de pareil dans la division de cavalerie où je remplissais les fonctions de vétérinaire en chef?

Pris individuellement, les vétérinaires offrant toutes les garanties et l'organisation seule laissant à désirer, quelles seraient les modifications à apporter en vue de la conservation des chevaux? Ce qui est le plus indispensable, c'est de placer un vétérinaire en chef par corps d'armée, comme il y a un médecin en chef, un pharmacien en chef, un comptable en chef, etc., pour diriger, centraliser, contrôler et répartir le service d'une façon équitable. Ce vétérinaire en *chef*, ou *principal*, peu importe le nom, serait toujours à la disposition du général commandant en chef, pour des missions en cas d'épizootie, de maladies contagieuses, de questions d'hygiène, de visites périodiques du service vétérinaire, de la visite sanitaire des bœufs et moutons d'approvisionnement, etc. Il serait en outre chargé des soins à donner aux chevaux de l'état-major et des officiers sans troupe, service aujourd'hui fort mal assuré (1).

Il s'agit, d'autre part, d'assurer le recrutement et de prévenir les démissions. Il manque actuellement plus de cent cinquante vétérinaires, sur un effectif de quatre cents environ. Le *Bulletin de la Réunion des Officiers* (1873, p. 700) contient un travail de M. Lèques, sous-intendant militaire, qui me paraît répondre à tous les besoins, et auquel nous renvoyons les personnes que cette question peut toucher. Disons seulement que l'auteur, avec le désintéressement et la compétence que lui donne sa position, propose qu'il y ait deux classes de vétérinaires en premier et deux classes de vétérinaires principaux, afin de ne plus laisser des vétérinaires quinze à vingt ans sans aucun avancement. M. Lèques fait ressortir les avantages pécunaires qui résulteraient de cette organisation; il rappelle que vers 1840 l'armée perdait par an 85 chevaux de maladie sur 1000 d'effectif. En 1843, la position a été un peu améliorée, et en 1845, les pertes étaient descendues à 77 pour 1000. En 1852, une autre amélioration a lieu, le chiffre des pertes n'est plus, en 1854, que de 67 sur 1000; enfin, en 1860, nouvelle amélioration et les pertes descendent à moins de 35 pour 1000. Eh bien, je suis convaincu qu'il serait possible d'abaisser encore d'un tiers environ les pertes actuelles par une bonne organisation du service. Pour être aussi affirmatif, je m'appuie sur ce que j'ai vu pendant les deux périodes où j'ai eu l'honneur de remplir les fonctions de vétérinaire en chef.

En temps de guerre, il serait facile d'assurer un bon fonc-

(1) Par un choix judicieux, basé sur les travaux scientifiques, ainsi que sur le zèle et l'instruction théorique et pratique plutôt que sur l'ancienneté, on aurait dans les dix-neuf grands commandements des hommes qui, dans les sociétés d'agriculture et autres, pourraient éclairer les éleveurs et les agriculteurs sur les besoins de l'armée en fourrages, en chevaux, en viande pour le soldat, etc.

tionnement et de répondre à tous les besoins, par l'emploi des vétérinaires faisant partie des classes appelées sous les drapeaux.

En Belgique, en Italie et en Prusse il y a non-seulement un vétérinaire en chef par corps d'armée, à la disposition des généraux commandant en chef, mais il y a en outre, au-dessus, des inspecteurs vétérinaires à la disposition du ministre de la guerre (1).

Landwehr hippique

Jusqu'à présent l'armée a conservé ses chevaux le plus longtemps possible, c'est-à-dire tant qu'ils ont pu faire assez bien le service, et lorsqu'ils ont été réformés, on ne s'est plus occupé de ce qu'ils devenaient. D'après cette manière d'agir, les chevaux faisaient, en moyenne, environ sept ans de service. Depuis la dernière guerre, plusieurs auteurs, pour divers motifs, ont proposé de ne plus attendre l'usure complète pour prononcer la réforme. M. le marquis de Croix propose de réformer régulièrement les chevaux par cinquième et d'acheter tous les ans une proportion équivalente de chevaux, soit 20,000 chevaux sur le pied de paix. Il tend ainsi à activer la production, les éleveurs étant assurés d'un bon débouché. En cas de guerre, le cinquième à réformer pourrait, en grande partie, servir de réserve. Voici une autre proposition, faite principalement en vue d'une *réserve hippique :*

M. Lèques, dans une brochure intitulée : *Historique des remontes depuis les Romains, suivi d'un projet d'organisation d'une landwehr hippique,* propose de renouveler tous les chevaux de l'armée par quart, c'est-à-dire que l'effectif normal

(1) Voir la *Revue militaire et étrangère,* 26 décembre 1873, et le *Bulletin de la Réunion des officiers,* 1er semestre 1874, p. 76.

étant de 100,000 chevaux, l'État réformerait chaque année le quart de cet effectif, soit 25,000 chevaux. Ces réformes seraient à deux degrés : les chevaux absolument impropres à tout service seraient vendus sans condition, comme cela a eu lieu jusqu'à présent; ceux qui seraient encore propres à faire certains services seraient cédés aux personnes qui en feraient la demande, à charge de les tenir à la disposition du ministre de la guerre jusqu'à réforme définitive, époque à laquelle ils resteraient en toute propriété au détenteur. Il suffirait, pour l'application de ce système, de donner de l'extension à ce qui se fait depuis quelques années pour le prêt des chevaux d'artillerie aux cultivateurs. Ainsi serait constituée la *landwehr hippique*. L'auteur dit avec raison que des chevaux ayant été bien dressés et qui auraient manœuvré pendant quatre années n'oublieraient jamais complétement ce qu'ils auraient appris, et qu'il suffirait de quelques jours pour les « remettre dans les mains et dans les jambes. »

Tous les ans l'armée achèterait donc 25,000 chevaux au prix moyen de 900 francs environ, soit 22 millions versés annuellement entre les mains des éleveurs, au lieu de 12 à 14 millions si l'on ne réformait, comme par le passé, qu'au moment de l'incapacité absolue de travail. En ne considérant que l'institution d'une landwehr, l'idée de M. Lèques nous paraît très-heureuse.

Les chevaux bien conservés et instruits, placés ainsi dans le civil après quatre ans, auraient de huit à dix ans et seraient aptes à faire encore un bon service pendant quatre à cinq ans, c'est-à-dire jusqu'à quatorze à seize ans, en sorte que l'effectif de cette réserve serait à peu près égal à celui de l'armée active.

Signalons toutefois certains inconvénients attachés au système de M. Lèques : les frais qu'il exigerait, la difficulté de trouver des personnes assez consciencieuses pour entretenir les chevaux dans de bonnes conditions, enfin les plaintes et les récriminations de ceux qui ne pourraient obtenir ces chevaux, lorsque tel de leurs voisins aurait été plus favorisé.

Pour éviter ces inconvénients et avoir néanmoins une landwehr, qu'il nous soit permis d'exposer un moyen plus économique : et d'abord, plus de *réforme*, le mot impliquant l'usure, mais tous les ans *vente* de tous les chevaux excédant le chiffre 75,000, soit 23,000, en estimant les pertes de l'année à 2,000 environ, et achat de 25,000 chevaux nouveaux pour ramener l'effectif à 100,000. La vente serait faite sans condition pour tous les chevaux. Un certificat portant le signalement détaillé de l'animal serait remis à l'acquéreur pour lui servir au besoin. Le prix de vente atteindrait et souvent dépasserait le prix d'achat, car on sait qu'un cheval de neuf à dix ans, bien conservé et instruit, vaut mieux pour le service qu'un cheval de quatre ans sortant des mains de l'éleveur. Supposons toutefois qu'on perde 100 francs sur chaque cheval, soit, en moyenne, une vente annuelle de 18 millions environ, qui, ajoutés au prix de la vente des poulains produits par l'armée, suffiraient à peu près à payer la nouvelle levée. Si le prix d'achat de la remonte augmentait notablement, le prix des chevaux vendus après quatre ans s'élèverait dans la même proportion, ainsi que le prix des poulains, et même il est probable que l'élévation serait plus avantageuse qu'onéreuse au Trésor.

L'effectif des chevaux de réserve augmenterait tous les ans d'une vingtaine de mille chevaux aptes à faire, les uns le service de la cavalerie, de l'artillerie ; les autres, du train, des officiers ou employés n'ayant à faire qu'un service au pas ; de sorte qu'en deux ans il y aurait environ 40,000 de ces chevaux de réserve en France, 80,000 en quatre ans et 100,000 en cinq ans, chiffre rond.

Passage sur le pied de guerre

Au moment de passer sur le pied de guerre, la remonte, comme par le passé, ferait des achats selon les besoins, et annoncerait qu'elle payerait plus cher les chevaux *dressés*, et notamment ceux qui auraient déjà appartenu à l'armée et dont l'identité serait constatée par le certificat d'origine dont nous avons parlé plus haut.

Dans les cas de nécessité extrême, tous les chevaux pouvant être requis, comme on l'a fait pendant la dernière guerre, on trouverait toujours une grande partie de ces chevaux, d'autant plus qu'alors le commerce est paralysé et que les propriétaires sont bien aises de ne pas entretenir des animaux dont ils peuvent se passer. On sait aussi que si nos voisins peuvent fermer leurs frontières à notre commerce, il y a réciprocité.

Mais point d'illusion; il faut du temps pour que le roulement complet soit établi, et il ne peut l'être qu'en quatre ou cinq ans de fonctionnement régulier. Pour atteindre ce but, il faudrait commencer par la production; car, dans les conditions actuelles, il est impossible de trouver annuellement en France vingt-cinq mille chevaux de bonne qualité.

Sans m'étendre davantage, je conclus que le système de M. Lèques est le plus sûr, mais le plus onéreux ; que le mien est moins assuré, mais beaucoup plus économique. Ce n'est pas à moi à apprécier si les circonstances doivent faire incliner en ce moment plutôt vers l'un que vers l'autre. Le point important, c'est qu'il y ait en France beaucoup de chevaux dressés et prêts à entrer en campagne; et quand il y en aura beaucoup, on en trouvera beaucoup si les besoins l'exigent.

Alimentation des animaux en général

Avant de terminer, qu'il me soit permis d'appeler l'attention sur un point dont on ne tient peut-être pas assez compte.

On parle sans cesse d'augmenter la population animale de la France, parce que chaque espèce ne peut suffire à nos besoins ou, plus exactement, à nos *exigences* toujours croissantes. Mais on néglige un peu trop de s'inquiéter comment on pourra la nourrir. La production de nos fourrages suffit à peine, dans les années ordinaires, pour alimenter le nombre actuel de nos animaux domestiques, qui, d'après le recensement de 1872, est de :

Race chevaline	2.882.851
Race mulassière	299.129
Race asine	450.625
Race bovine	11.284.414
Race ovine	24.707.496
Race porcine	5.377.231
Race caprine	1.791.725

Pour augmenter l'espèce chevaline, qui consomme le plus de fourrage et surtout de foin et d'avoine (1), il faudrait, ou diminuer une autre espèce (et l'on sait à quel prix est la viande de boucherie), ou augmenter la quantité de fourrages. Mais le cultivateur ne fait-il pas tout ce qu'il peut pour retirer de la terre le plus de produits possibles. Lors des mauvaises récoltes, il ne peut nourrir convenablement tous les

(1) Les boucheries de viande de cheval tendent à diminuer le nombre des chevaux, mais c'est en supprimant ceux qui sont hors de service et dont l'existence serait plus nuisible qu'utile à la fortune publique.

animaux de son exploitation. L'administration de la guerre achète, chaque année, de l'avoine à l'étranger. On dit bien qu'il y a encore des terres incultes en France; mais si elles sont incultes, c'est qu'elles sont impropres à la culture. Le défrichement des forêts est aussi un moyen de produire plus de fourrages; toutefois les inconvénients seraient plus grands que les avantages, et l'on doit même plutôt reboiser. Le moyen qui me paraît le plus avantageux, en vue de l'hygiène de l'homme et des animaux, serait encore, à mon avis, et malgré les difficultés que j'entrevois, d'acheter le tabac à l'étranger (1), si l'on tient absolument à en consommer, et de rendre à la culture ordinaire les 20.000 hectares de bonnes terres de notre sol aujourd'hui employés à cultiver cette plante malfaisante ; en d'autres termes, d'interdire peu à peu la culture du poison et de cultiver en place des aliments pour les animaux et pour l'homme. En définitive, si l'on veut augmenter la population chevaline, il faut d'abord chercher le moyen de la nourrir (2).

(1) La *Régie* achète chaque année environ 35 millions de kilogrammes de tabac pour la somme de 37 millions de francs, dont 10 millions de kilogrammes provenant de l'Amérique, au prix de 13 millions de francs. Il suffirait donc de donner de l'extension à ce qui se fait ordinairement.

(2) Pour les détails sur les graves préjudices causés à la fortune publique par la culture du tabac, voir le *Bulletin de l'Association contre l'abus du tabac et des alcooliques*, année 1872, page 57 (rue Chanoinesse, 12, Paris).

RÉSUMÉ ET CONCLUSIONS

Il est impossible que la population chevaline actuelle fournisse à la remonte le nombre de chevaux de bonne qualité dont l'armée a besoin.

Pour augmenter la production du cheval de guerre, on peut trouver de *très-bons étalons*, à très-bon marché, dans les régiments montés en chevaux arabes.

L'État doit cesser de condamner à la stérilité les 40 à 45,000 bonnes juments que doit posséder l'armée. Il faut, ou les laisser dans le civil, ou les livrer à la reproduction.

On peut facilement, sans nuire au service, faire produire, chaque année, par les juments de l'armée, environ 25,000 bons poulains.

Ces poulains doivent être vendus à trois ou quatre mois, l'État ne pouvant *élever* un cheval à moins de faire des dépenses excessives.

La population du cheval de guerre étant notablement augmentée, il serait facile à la remonte d'en trouver pour les besoins courants et les besoins exceptionnels.

Actuellement, les officiers acheteurs ne possèdent pas tous les connaissances nécessaires, et les vétérinaires sont ordinairement trop étrangers aux achats.

Les vétérinaires offrent individuellement toutes les garanties scientifiques désirables, mais l'organisation du corps laisse à désirer.

Dans l'intérêt de la conservation des chevaux, il doit y avoir à la disposition de chaque général commandant un corps d'armée un vétérinaire en chef chargé de centraliser, de diriger, de contrôler le service et d'éclairer le commandement sur les questions d'hygiène, de service vétérinaire, etc.

Dans le but d'encourager la production du cheval de guerre et d'avoir une *réserve* de chevaux dressés, on doit verser chaque année dans le civil le quart de l'effectif.

Ces chevaux pourraient être cédés aux cultivateurs, à charge de les rendre en cas de guerre, ou vendus sans condition, avec faculté de les revendre à la remonte s'il y avait lieu.

Les acquéreurs de ces chevaux et des poulains auraient un certificat constatant l'origine des animaux, et permettant de les payer plus cher que ceux dont la généalogie serait inconnue et le dressage incomplet.

Enfin, la population des chevaux de guerre étant absolument insuffisante, l'État doit faire produire les bons étalons et les bonnes juments que possède l'armée.

EXPLICATION DU TABLEAU STATISTIQUE

Pour établir le tableau ci-contre, j'ai fait le dépouillement de la période décennale 1856-1865 des *Mémoires de la commission d'hygiène hippique.* Je n'ai pu opérer sur une période plus récente, parce qu'il y a une interruption de 1865 à 1872. La cavalerie de l'Algérie étant dans des conditions exceptionnelles et les chiffres se trouvant dans des tableaux spéciaux, n'est pas comprise dans la statistique dont il s'agit.

Les colonnes 2 et 3 montrent comparativement les effectifs des juments et des chevaux; il en ressort que dans l'armée les juments sont d'un sixième environ moins nombreuses que les chevaux.

Les colonnes 5 et 6 donnent le chiffre absolu des pertes par juments et chevaux; mais pour se faire une idée proportionnelle de ces pertes, il faut examiner les colonnes 8 et 9, qui montrent les juments un peu plus éprouvées par la mortalité que les chevaux.

Les colonnes 10 et 11 prouvent que les chevaux âgés de quatre à cinq ans ont plus de pertes que ceux de cinq à six. Les colonnes 13 et 14 établissent que les chevaux ont plus de réformés sur mille que les juments. Quant aux autres colonnes, elles n'ont pas besoin d'explications.

RENSEIGNEMENTS STATISTIQUES

Sur les effectifs, les pertes et les réformes des chevaux et des juments de l'armée pendant la période décennale 1856-1865 (Algérie non comprise).

	Effectifs			Pertes			Pertes sur 1,000				Réformes sur 1,000		
ANNÉES	Chevaux.	Juments.	TOTAUX.	Chevaux.	Juments.	TOTAUX.	Chevaux.	Juments	Chevaux et Juments de 4 à 5 ans.	Chevaux et Juments de 5 à 6 ans.	Chevaux.	Juments.	TOTAUX.
1	2	3	4	5	6	7	8	9	10	11	12	13	14
1856	38,312	32,958	71,270	2,410	2,249	4,659	62	68	59	58	103	80	183
1857	30,068	25,876	55,944	1,083	991	2,074	36	38	50	37	107	80	187
1858	27,950	23,009	50,959	779	685	1,464	27	29	32	35	93	98	191
1859	34,413	28,180	62,593	1,732	1,642	3,374	50	58	73	74	126	71	197
1860	36,150	27,010	63,160	1,045	830	1,875	28	30	39	32	115	107	222
1861	39,684	24,578	64,262	978	704	1,682	24	28	49	40	115	84	199
1862	31,268	21,808	53.076	752	625	1,377	24	28	30	34	92	82	174
1863	20,338	30,560	50,898	786	652	1,438	38	21	37	39	111	50	161
1864	27,853	20,561	48,414	746	631	1.377	27	30	51	42	70	56	126
1865	30,009	20,610	50,619	853	641	1,494	28	31	53	33	106	92	198
Totaux..	316,045	255,150	571,195	11,164	9,650	20,814	344	361	473	424	1,038	800	1,838
Moyenne.	31,604	25,515	57,119	1,116	965	2,081	34	36	47	42	103	80	183

TABLE DES MATIÈRES

1031 — Paris. Impr. A. Dutemple, rue des Canettes, 7.

CH. TANERA, ÉDITEUR

LIBRAIRIE POUR L'ART MILITAIRE ET LES SCIENCES

RUE DE SAVOIE, 6, A PARIS

EXTRAIT DU CATALOGUE

ARTILLERIE (L') de campagne française; étude comparative du canon rayé français et des canons étrangers. Br. in-8°. 1 fr. 50

BORMANN. — Nouvel obus pour bouches à feu rayées. Br. in-8° avec planche . . . . 2 fr.

CHARRIN. — Le revolver, ses défauts et les améliorations qu'il devrait subir au point de vue de l'attaque et de la défense individuelles. Br. in-8° . . . . 1 fr.

CHARRIN. — De l'emploi d'un abri improvisé, expéditif et efficace pour protéger le fantassin contre les balles de l'ennemi. Le hâvre-sac pare-balles. Br. in-8° avec figures. . . 1 fr. 25

COYNART (DE). — Précis de la guerre des États-Unis d'Amérique. 1 vol. in-8° . . . . 5 fr.

COSTA DE SERDA. — Les chemins de fer au point de vue militaire. Extrait des instructions officielles et traduit de l'allemand. 1 vol. in-8° . . . . 3 fr.

FIX. — La télégraphie militaire; résumé des conférences faites à l'École d'application du corps d'état-major. Br. grand in-8° avec planche. . . . . 2 fr. 50

FRITSCH-LANG. — L'artillerie rayée prussienne à l'attaque de Düppel, d'après les auteurs allemands. Br. in-8° avec carte. 2 fr. 50

GRATRY. — Essai sur les ponts mobiles militaires. 1 vol. grand in-8° avec planches. . . . . 8 fr.

GRATRY. — Description des appareils de maçonnerie les plus remarquables employés dans les constructions en briques. 1 vol. grand in-8° avec de nombreuses gravures sur bois . . 6 fr.

HENRY. — Essai sur la tactique élémentaire de l'infanterie, mise en rapport avec le perfectionnement des armes. Br. in-8° avec figures . . . . 2 fr.

LE BOULENGÉ. — Études de balistique expérimentale. Détermination, au moyen de la clepsydre électrique, de la durée des trajectoires; expériences exécutées avec cet instrument; lois de la résistance de l'air sur les projectiles des canons rayés déduites des résultats obtenus. Br. in-8° avec planches. . . . 4 fr.

LECOMTE. — Études d'histoire militaire, antiquité et moyen âge. 1 vol. in-8° . . . . 5 fr.

LECOMTE. — Études d'histoire militaire, temps modernes jusqu'à la fin du règne de Louis XIV. 1 vol. in-8°. . . . . . . 5 fr.

LECOMTE. — Guerre de la Prusse et de l'Italie contre l'Autriche et la Confédération germanique en 1866; relation historique et critique. 2 vol. grand in-8° avec cartes et plans. . 20 fr.

LECOMTE. — Guerre de la sécession; Esquisse des événements militaires et politiques des États-Unis, de 1861 à 1865. 3 vol. grand in-8° avec cartes. . . . . 15 fr.

LECOMTE. — Le général Jomini, sa vie et ses écrits. Esquisse biographique et stratégique. 1 vol. in-8° avec carte. 7 fr. 50

LIBIOULLE. — Le revolver Galand, nouveau système à percussion centrale et extracteur automatique. Br. in-8° avec fig. 1 fr.

LULLIER. — La vérité sur la campagne de Bohême en 1866, ou les quatre grandes fautes militaires des Prussiens. Br. in-8°. 1 fr.

MANGEOT. — Traité du fusil de chasse et des armes de précision, nouvelle édition. 1 vol. in-8° avec figures dans le texte, et planches . . . . 5 fr.

MARNIER. — Souvenirs de guerre en temps de paix : 1793, 1806, 1823, 1862, récits historiques et anecdotiques extraits de ses Mémoires inédits. 1 vol. in-8° . . . . 3 fr.

MOSCHELL. — De l'effet du tir à la guerre et de ses causes perturbatrices. Br. in-8°. . . . . 1 fr.

ODIARDI. — Des nouvelles armes à feu portatives adoptées ou à l'étude dans l'armée italienne. Br. in-8° avec planche. . 2 fr.

ODIARDI. — Des balles explosibles et incendiaires. Br. in-8. avec planche . . . . 2 fr.

PIRON. — Manuel théorique du mineur; nouvelle théorie des mines, précédée d'un exposé critique de la méthode en usage pour calculer la charge et les effets des fourneaux, et d'une étude sur la poudre de guerre. 1 vol. grand in-8° avec pl. 12 fr.

PIRON. — Essai sur la défense des eaux et sur la construction des barrages. 1 vol. grand in-8° avec planches. . . . 6 fr.

PLOENNIES (DE). — Le fusil à aiguille, notes et observations critiques sur l'arme à feu se chargeant par la culasse, traduit de l'allemand par E. Heydt. Br. in-8° avec planche. . . . 3 fr.

QUESTIONS de stratégie et d'organisation militaire relatives aux événements de la guerre de Bohême, par un officier général (Jomini). Br. in-8°. . . . . 1 fr.

SCHMIDT. — Le développement des armes à feu et autres engins de guerre, depuis l'invention de la poudre à tirer jusqu'aux temps modernes. 1 vol. in-8°, avec 107 planches. . . 10 fr.

SCHOTT. — Des forts détachés, traduit de l'allemand par Bacharach. Br. in-8° avec planche . . . . 2 fr.

SCHULTZE. — La nouvelle poudre à canon, dite poudre Schultze, et ses avantages sur la poudre à canon ordinaire et autres produits analogues. Traduit de l'allemand par W. Reymond. Brochure in-8°. . . . . 2 fr.

TACKELS. — Étude sur le pistolet, au point de vue de l'armement des officiers. Br. in-8° avec figures . . . . 1 fr. 50

TACKELS. — Conférences sur le tir, et projets divers relatifs au nouvel armement. 1 vol. in-8° avec planches . . . 5 fr.

TACKELS. — Étude sur les armes à feu portatives, les projectiles et les armes se chargeant par la culasse. 1 vol. in-8° avec pl. 6 fr.

TACKELS. — Les fusils Chassepot et Albini, adoptés respectivement en France et en Belgique. Br. in-8° avec planches. 2 fr.

TACKELS. — Armes de guerre; Étude pratique sur les armes se chargeant par la culasse; les mitrailleuses et leurs munitions; le canon Montigny-Eberhaerd; le fusil Montigny; les fusils Charrin, Remington, Jenks, Cochran, Howard, Peabody, Dreyse, Chassepot, Snider, Terssen, Albini; les cartouches périphériques, etc., etc. 1 vol. in-8° avec planches. . . . . . 8 fr.

TACKELS. — La carabine Tackels-Gerard, nouveau système de culasse mobile, dite à bloc, à percussion centrale pour armes de guerre. Br. in-8° . . . . 50 c.

TACKELS. — Le nouvel armement de la cavalerie depuis l'adoption de l'arme se chargeant par la culasse. 1 vol. in-8°, avec planches. . . . . 5 fr.

UNGER. — Histoire critique des exploits et vicissitudes de la cavalerie pendant les guerres de la Révolution et de l'Empire jusqu'à l'armistice du 4 juin 1813, d'après l'allemand. 2 volumes in-8° . . . . 12 fr.

VANDEVELDE. — La tactique appliquée au terrain. 1 vol. in-8° avec atlas . . . . 7 fr. 50

VANDEVELDE. — Manuel de reconnaissances, d'art et de sciences militaires, ou Aide-mémoire pour servir à l'officier en campagne. 1 vol. in-18 avec planches . . . . 5 fr.

VANDEVELDE. — Précis historique et critique de la campagne d'Italie en 1859. 1 vol. in-8° avec cartes et plans. . . 12 fr.

VANDEVELDE. — La guerre de 1866 en Allemagne et en Italie. 1 vol. in-8° avec cartes . . . . 6 fr.

VANDEVELDE. — Commentaire sur la tactique à propos du *Mémoire militaire* par le prince Frédéric-Charles de Prusse. Br. in-8°. . . . . 2 fr.

VARNHAGEN VON ENSE. — Vie de Seydlitz, traduite de l'allemand par Savin de Larclause. 1 vol. in-8° avec portrait et plans. 5 fr.

VERTRAY. — Album de l'expédition française en Italie en 1849, contenant 14 dessins, 4 cartes topographiques indiquant les opérations militaires, avec un texte explicatif. 1 vol. grand in-folio. 10 fr.

WAUWERMANS. — Mines militaires. Études sur la science du mineur et les effets dynamiques de la poudre (application de la thermodynamique). 1 vol. in-8° avec planches . . . 7 fr. 50

WAUWERMANS. — Applications nouvelles de la science et de l'industrie à l'art de la guerre. — Télégraphie militaire. — Aérostation. — Eclairage de guerre. — Inflammation des mines. 1 vol. in-8° avec figures. . . . . 4 fr.

NOUVELLES PUBLICATIONS

BAYLE. — L'électricité appliquée à l'art de la guerre. Br. grand in-8° avec planches. . . . . 3 fr.

BODY. — Aide-Mémoire portatif de campagne pour l'emploi des chemins de fer en temps de guerre, d'après les derniers événements et les documents les plus récents. 1 vol. in-18 avec planches . . . . 4 fr.

FIX. — Guide de l'officier et du sous-officier aux avant-postes, d'après les meilleurs auteurs. 1 vol. in-18. . . . 2 fr. 50

ODIARDI. — Les armes à feu portatives rayées de petit calibre. 1 vol. in-8° avec planches . . . . 3 fr.

PEIN. — Lettres familières sur l'Algérie; un petit royaume arabe. 1 vol. in-12. . . . . 3 fr.

POULAIN. — Lettres sur l'artillerie moderne, canon de 7 et gargousse obturatrice, le bronze et l'acier, mitrailleuse française. Br. in-8°. . . . . 1 fr.

SUZANNE. — Des causes de nos désastres, la proscription des armes et le monopole de l'artillerie. Br. grand in-8°. . 2 fr.

Paris. Imp. A. Dutemple, rue des Canettes, 7.

www.ingramcontent.com/pod-product-compliance
Ingram Content Group UK Ltd.
Pitfield, Milton Keynes, MK11 3LW, UK
UKHW021133230726
13926UKWH00002B/767